EXTRAIT

Des *Annales de la Société d'hydrologie médical*

ÉTUDE

SUR

LA STATION ET LES EAUX

DE MONTECATINI

ITALIE (Toscane).

La part faite aux eaux d'Italie dans les ouvrages d'hydrologie générale est assez restreinte; elle est presque nulle dans les auteurs allemands. Je vais parler de Montecatini; c'est la station la plus importante de la Toscane, contrée où abondent les eaux thermales et minérales en même temps que les richesses géologiques (1).

Montecatini est situé dans la province de Lucques, sur la ligne Firenze-Pistoja-Pisa; trois trains par jour mettent ce village en communication avec Florence, Pise, Livourne. Il est au pied des contreforts des Apennins, dans le val de Nievole où la végétation méridionale se développe dans toute sa vigueur. C'est un immense

---

(1) La Toscane possède des eaux de toutes les classes; je citerai les noms de Bagni di Lucca, de San-Giuliano, Casciana, San-Casciano, San-Filippo.

Labat.   1

jardin dans lequel l'olivier, le mûrier, la vigne, le maïs se disputent la place au milieu des autres cultures.

Le village de Montecatini, qui couronne la montagne de ce nom, est à 250 mètres environ au-dessus des bains. L'altitude de 280 mètres, indiquée par M. Rotureau pour Montecatini-les-Bains, se rapporterait donc au village.

Nous n'avons point à nous occuper ici du rôle de cette forteresse dans les guerres du moyen âge. Nous avons seulement à rappeler que ces eaux sont connues depuis plusieurs siècles et que leur prospérité date des grands travaux de Pierre-Léopold, souverain de la Toscane, à la fin du xviiie siècle. Avant lui, la contrée était désolée par les fièvres périodiques dues à la stagnation des eaux salées dans les marais.

Aujourd'hui, Montecatini est un bain de premier ordre comme installation; hôtels élégants, Casino, théâtre, buvettes remarquables, plusieurs établissements de bains, riantes promenades, société choisie, excellente administration, sont autant d'éléments d'avenir et de succès.

La saison dure du 15 mai au 15 septembre. Il y vient 3 ou 4,000 malades, la plupart Italiens. L'exportation des eaux est considérable. Le gouvernement fait administrer les principaux établissements; les autres appartiennent à des particuliers.

L'inspecteur, *medico direttore*, est le Dr Fedeli, professeur de clinique à l'université de Pise; l'inspecteur-adjoint est le Dr Morandi; tous les deux exerçant depuis plus de vingt années et disposés, avec l'urbanité italienne, à mettre leur longue expérience au service des médecins étrangers qui viennent les visiter. Grâce à leurs concours, nous espérons tracer un tableau fidèle de leur intéressante station.

I. — Histoire naturelle de la station.

J'entends par là, les caractères du climat, du terrain, et les propriétés physiques et chimiques des eaux.

Climat. — Montecatini-les-Bains est placé non loin du 44° de latitude nord, c'est-à-dire un peu plus haut que Montpellier ; élevé de quelques mètres au-dessus de la plaine, laquelle ne dépasse pas de beaucoup le niveau de la mer. La vallée, abritée du N.-N.-E. par la montagne, s'ouvre au S.-S.-O. Il s'agit ici d'un climat chaud : moyenne annuelle d'environ 16°C, celle de Florence et de Lucques étant de 15°. J'ai trouvé, dans la grotte froide de la montagne calcaire voisine, 16°C, et dans le puits de Montecatinialto 15°,5, chiffres peu éloignés de cette moyenne.

Des observations précises sur le climat manquent presque entièrement. La moyenne estivale indiquée par M. Rotureau, 28° C., est évidemment erronée, puisque c'est la moyenne de Tunis et du Caire; elle n'est que de 24, chiffre déjà élevé.

Je n'ai pu avoir, pendant mon séjour, que huit jours d'observations régulières, du 4 au 12 septembre, pendant une période de beau fixe et de chaleur exceptionnelle.

3 observations par jour...	7 h. mat.	1 h.	5 h. soir.
Moyennes barométriques....	765	764	763,5
Moyennes thermométriques.	20,5	26,5	25,5
Moyennes hygrométriques...	68 0/0	46 0/0	(1)

(1) L'observation de 5 h. du soir. trop rapprochée de celle d'une heure, élève un peu les moyennes de la température. La moyenne s'abaissait d'un degré, en y joignant une observation de 11 h. du soir, ce que je n'ai pu faire que 2 ou 3 fois.

Nature du terrain. — L'hydrologiste qui cherche les rapports de la minéralisation des eaux avec la constitution du sol générateur, fixe d'abord son attention sur un puissant dépôt de travertin, évidemment laissé par les eaux, puisqu'elles en forment encore aujourd'hui. C'est en creusant cette couche de travertin qu'on a trouvé la plupart des sources nouvelles. On peut juger de son épaisseur en descendant les escaliers qui conduisent aux réservoirs de la Salute, de la Fortuna, de la Speranza. Ce dernier est à 10 mètres au-dessous du sol. A la Salute, où le déblai est le plus considérable, on voit un banc de travertin de 4 à 5 mètres d'épaisseur et dont les strates horizontales sont entremêlées d'argile. C'est une roche calcaire soluble dans les acides en laissant un peu d'argile, présentant quelques parties siliceuses qui font feu au briquet. On y rencontre des cavités remplies d'oxyde de fer et de manganèse reconnaissables à leurs caractères chimiques. Des quantités minimes d'une poudre brune noirâtre, ressemblant à de l'humus, occupaient, dans la roche, de petits sillons longitudinaux; chauffée avec la soude sur la lame de platine, cette poudre m'a donné la coloration verte du manganate de soude. Le travertin en question remplit toute la petite vallée du Salsero et forme des collines entières du côté de l'hôpital. On trouve encore de plus puissants monticules en approchant de Monsummano. Il est donc certain que les eaux minérales carbonatées et ferro-manganésiennes ont coulé, durant des siècles, dans ces contrées. Il est probable aussi que ces eaux ont eu un régime différent du régime actuel; car nous verrons tout à l'heure qu'elles ne sont pas très-riches en carbonates et qu'elles renferment de très-faibles quantités de fer et de manganèse.

Au-dessous du travertin se trouve le diluvium argileux et cailouteux d'où sortent les sources par des puits appelés cratères. Le professeur Savi, qui a étudié avec soin la géologie de ces contrées, suppose que le val de Nievole a été rempli par des dépôts pliocènes supportant les argiles diluviennes. Il rapporterait l'origine des sources actuelles aux mouvements volcaniques du terrain voisin de la Romagne, mouvements ayant produit les lacs de Bolsena, de Bracciano et ayant fissuré les dépôts sédimentaires dans un rayon assez éloigné. Il n'y a point, dit-il, de roches éruptives dans le voisinage; cependant on rencontre en plusieurs points de la Toscane des roches serpentineuses, par exemple, à Prato, qui n'est éloigné que de quelques lieues.

D'où vient le sel? Les couches tertiaires sous-jacentes pourraient en contenir puisqu'on trouve du sel gemme dans les terrains tertiaires de Cardona en Espagne, de Wieliczka en Pologne, de Volterra en Toscane. Les recherches faites dans les montagnes voisines ne fournissent aucune donnée à ce sujet; le Montecatini est constitué par des schistes calcaires éocènes appelés en Italie *calestrini* et du grès macigno micacé superposé. La montagne voisine, où est la grotte froide, donne une pierre à chaux d'une couleur gris-ardoise. Enfin le Monsummano, où est la grotte chaude, est constitué par du calcaire secondaire, comme le démontre la présence des ammonites. Dans plusieurs de ces roches j'ai constaté des dépôts d'oxyde de fer et de manganèse, soit par le chalumeau, soit en les soumettant aux réactifs habituels après les avoir attaqués par l'acide chlorhydrique.

Le chlorure de sodium n'est pas rare dans les eaux minérales de la Toscane, et il se trouve en forte proportion à la Porretta et à Salsomaggiore, de l'autre côté de la chaîne Apennine (1).

Les sources et leurs propriétés. — En 1870, époque où le professeur Fedeli a publié sa dernière édition, on comptait vingt-deux sources dans un espace de 2 kilomètres carrés, appartenant à cette petite vallée du Salsero, où nous avons trouvé les dépôts de travertin. C'est le *Campo minerale* de Bicchierai, médecin du grand-duc Pierre-Léopold. Actuellement il y en a trois ou quatre nouvelles et on en trouvera d'autres.

Les auteurs ont l'habitude de distinguer ces sources en deux categories, celles de l'administration et celles des particuliers. Or, je le demande, quel intérêt scientifique peut avoir une semblable classification ? Nous aurons, plus loin, l'occasion de dire lesquelles sont destinées aux bains et à la boisson. Elles sont salines, chlorurées, d'une composition assez uniforme ; par conséquent il n'y aura lieu de les distinguer que sous le rapport du degré de minéralisation.

De 5 à 10 gramm..	*Rinfresco, Tettuccio, Cipollo,* etc.
De 10 à 15 gramm.	*Salute, Speranza, Regina,* etc.
23 grammes......	*Terme Leopoldine.*

Nous ne faisons ici que donner quelques exemples.

Quant aux analyses, le plus grand nombre est dû au professeur Targioni-Tozzetti ; quelques-unes à Bechi, Silvestri, Buonamici. Enfin, le pharmacien-major Dupuis a donné la composition chimique des principales sources en 1859, composition reproduite dans notre Dictionnaire des eaux minérales. Les différences sont

_____

(1) Si l'on forait des puits artésiens à Montecatini, on s'éclairerait peut-être sur le gisement des couches salifères.

peu importantes; il faut seulement faire attention que les uns ont représenté les gaz en poids et les autres en volume.

Ces sources sont thermales ; car leur température, 18 à 30° c., dépasse notablement la moyenne du lieu. Si les lois géothermiques étaient les mêmes que dans le bassin de Paris, une profondeur de 500 mètres suffirait à expliquer la chaleur de la source principale, 30° c. Or, en Toscane, l'accroissement de la température en rapport avec la profondeur est notablement plus considérable. Savi prétend que les sources les plus chaudes et les plus minéralisées occupent le centre du bassin, tandis que les plus froides et les plus pauvres en matières fixes naissent sur les bords. La remarque est juste quant aux thermes Léopoldins; mais il n'y a pas de relation constante entre la chaleur et la minéralisation, puisque le Rinfresco et le Tettuccio sont les plus chauds après les thermes Léopoldins, et néanmoins les plus faibles de la série.

Nous ne citerons que pour mémoire les expériences du professeur L. Martelli, faites en 1868, sur l'état électrique de l'air à la surface des cratères, au moyen de la déviation des lames d'or de l'électroscope condensateur. On trouvera une note détaillée dans l'ouvrage du Dʳ Fedeli. Ces expériences ne nous semblent conduire à aucune conclusion pratique.

La considération de la densité est ici d'une grande importance. Il s'agit, en effet, d'eaux chlorurées sodiques où le chlorure de sodium constitue les trois quarts des principes fixes. Or, le poids spécifique des solutions de sel marin a été plus spécialement étudié par les physiciens qui se sont occupés d'aréométrie (1).

(1) On voit dans les tables de Gerlach la série des densités

On peut donc dire que plus le sel marin domine dans une eau minérale, plus il est facile d'établir un rapport déterminé entre son poids sous l'unité de volume et sa richesse en éléments salins. La faible proportion des gaz ne saurait ici troubler les observations aréométriques; en sorte qu'on arrive à se faire très-rapidement une idée assez précise de la proportion des matières fixes contenues dans les diverses sources, en y plongeant un densimètre gradué par dixièmes de degrés. J'ai trouvé par exemple :

Pour le Rinfresco, 1005 correspondant à 5 gr., 56.
Pour le Tettuccio, 1005,6   —   6, 59.
Pour la Regina,   1010,1   —   12, 62.
Pour la Speranza, 1009,5   —   11, 27.

Ces chiffres de la densité sont souvent mal indiqués. Ainsi vous rencontrerez dans M. Rotureau, 1002,3, densité correspondant à 5 grammes, 1002,7 correspondant à 10 grammes, enfin 1006,5 correspondant à 23 grammes. Ceci est en contradiction avec une des lois les plus simples de la physique.

Les eaux qui nous occupent viennent au jour claires et transparentes; elles forment à la surface des réservoirs une couche d'un|blanc grisâtre, constituée par du carbonate de chaux à peu près pur et entièrement soluble dans les acides. Le bicarbonade calcaire a perdu, au contact de l'air, le second équivalent d'acide carbonique qui le rendait soluble. On voit aussi dans certains ré-

correspondantes aux solutions titrées de sel marin à toutes les températures ; il est du reste facile de faire soi-même les corrections relatives à la température pour ramener à 15° C. toutes les observations, ce qui est plus pratique que de les ramener à 0. Les densimètres actuels sont gradués à 15° C.

servoirs, surtout dans le grand bassin des thermes de Léopold, se former des couches de conferves.

Les bulles de gaz sont très-visibles dans les réservoirs et montent à la surface en bouillonnant sous forme de chapelets. Ce n'est pas à dire que les eaux soient très-gazeuses ; les plus chargées en contiennent un quart de volume. Pourquoi M. Rotureau les appelle-t-il carboniques fortes ? La quantité de gaz carbonique n'est pas suffisante pour modifier leur réaction alcaline.

Si l'on jette un coup d'œil sur le tableau analytique des principales sources, on verra qu'elles contiennent peu de carbonates, bien qu'elles laissent une croûte calcaire superficielle et des dépôts de travertin. Les chlorures y dominent, puis les sulfates ; comme bases, la soude, la chaux, la magnésie avec un peu de potasse.

Les autres éléments sont tout à fait secondaires ; les chimistes dosent ensemble les oxydes métalliques, les phosphates, l'alumine etc. ; dans la source de la Regina Bechi a dosé à part le bicarbonate de fer 0,002 ; quelle importance peuvent avoir 2 milligrammes de fer par litre ? Les iodures et bromures sont mentionnés à l'état de traces ; l'eau minérale amidonnée et traitée par l'eau de chlore ne m'a fourni qu'une teinte violacée pâle fort douteuse. Il paraît que la lithine est pondérable dans la nouvelle source Savi.

De cet examen rapide il ressort que nous sommes en face d'eaux salées d'une constitution simple, *einfache kochsalswasser* des Allemands ; que ces eaux sont fort différentes des eaux salées de l'Allemagne, Kissingen Homburg, Nauheim, Rehme, dans lesquelles le gaz carbonique et le fer doivent être pris en considération ; qu'elles diffèrent aussi des eaux notablement iodo-bromurées de Kreuznach et de Salins ; qu'elles se rapprochent, au contraire, de Cheltenham et de Niederbronn ; qu'on peut enfin les comparer à l'eau de mer. Les mêmes remarques seront applicables au point de vue médical.

Nous ne devons point oublier une source nouvelle, le Tintorini, chlorurée sodique comme l'ancienne du même nom, mais se distinguant de toutes les autres par sa minéralisation exceptionnelle : sulfate de fer 1 gr. 424, sulfate de manganèse 0 gr. 35. Le chimiste suppose tout le fer à l'état de sulfate ; cependant le dépôt ferrugineux s'opère dans les vases à l'air libre, comme s'il y avait aussi du bicarbonate.

Je trouve cette source intéressante au point de vue géologique et chimique : elle naît à côté de l'autre source Tintorini qui ne contient que des traces d'oxydes métalliques ; elle nous donne l'idée des anciennes sources ferro-manganésiennes qui ont probablement laissé les dépôts dont il était question plus haut. Mais au point de vue médical je ne reconnais aucun avantage à ces sources sulfatées métalliques si richement dotées. Elles ne sont pas rares en Italie : la Catulliana, aux environs de Recoaro contient 5 à 6 gr. de sulfate de fer par litre ; l'acqua da bagno de Levico, plus de 5 gr. Dans ma communication relative aux eaux scandinaves j'ai déjà dit ma façon de penser sur l'eau ferro-manganésienne de Ronneby. Toutes ces solutions concentrées se rapprochent de Passy et d'Auteuil, plus encore des anciennes sources de Cransac. Elles sont souvent nuisibles et plus curieuses qu'utiles.

II. Histoire médicale de la station.

Elle comprend l'appropriation des eaux au traitement médical, l'action physiologique et les indications thérapeutiques.

Traitement médical. — Les eaux se prennent en boisson et en bains : il a été dit un mot des buvettes ; il peut en exister de plus richement installées, mais non de plus commodes et de plus confortables : salles vastes et bien aérées, salons de repos ou de lecture, cafés restaurants, parterres bien entretenus avec de grandes tentes de toile contre les ardeurs du soleil, service parfait des employés qui versent l'eau des sources puisée dans de grandes carafes de cristal, rien ne manque au bien-être du buveur. Les buvettes les plus remarquables sont celles du *Tettuccio*, de la *Regina*, de la *Fortuna*, du *Rinfresco* et de la *Torretta*. Il y a foule, le matin, dans la grande allée d'ormes qui conduit des hôtels au Tettuccio et, la distance étant de près d'un kilom., de nombreux équipages s'y croisent à tout instant.

On boit, en général à plusieurs sources, en commençant par les plus fortes, Regina, Tamerici, pour passer aux plus faibles, Tettuccio, Rinfresco, etc.; le Dr C. James dit le contraire, mais les auteurs italiens ont pris soin de rectifier cette assertion toute théorique. Il est d'observation que le tube digestif n'obéit aux eaux peu chargées qu'après avoir été sollicité par les plus puissantes ; cela est vrai au delà des Alpes où l'on ajoute souvent au premier verre d'eau laxative des sels tirés de cette même eau.

La dose ordinaire est de 7 à 8 verres (2 litres) et non 1 litre comme le dit M. Périer dans sa notice ; j'entends la dose médicale que le plus grand nombre des malades tend à dépasser.

Les établissements de bains sont, par ordre d'importance : les *terme Leopoldine*, le *bagno del Tettuccio*, *bagno Reggio*, le *bagno della Torretta*, enfin du *Rinfresco*, ce dernier abandonné.

Les thermes de Leopold situés dans la grande avenue qui va au Tettuccio se font remarquer par une architecture de bon goût datant de 1780, par leurs arcades en brique rouge, une vaste salle d'attente, une bonne distribution intérieure. Il y a 32 cabinets dont la moitié pour chaque sexe, et des piscines de marbre pour les indigents. Ces cabinets ont 3 m. 5 sur 2 m. 25, sont clairs et munis de sophas. Les baignoires, de marbre, contiennent plus d'un demi-mètre cube de liquide; elles sont remplies avec un ajutage de caoutchouc qui reçoit deux branches dont l'une d'eau chauffée. Le chauffage s'opère au moyen d'un serpentin où circule la vapeur. L'eau, émergeant à 30° c. et séjournant dans le vaste réservoir qui est derrière les bâtiments, avait besoin d'être échauffée artificiellement pour la porter à 33 ou 34° c., température ordinaire des bains; leur durée est d'une demi heure.

Dans le sous-sol sont les diverses douches, latérales, ascendantes, etc.; les premières laissent quelque chose à désirer.

Le bain du Tettuccio, de construction moderne, est assez analogue au précédent. Il possède 20 cabinets, est alimenté par le Cipollo, température 22°5 c., avec 7 gr. 38 de minéralisation.

Le bain de la Torretta (12 cabinets) est au milieu d'un élégant jardin dans l'endroit le plus ombragé du lieu.

Au bagno Reggio on donne des bains à la température naturelle de 24° c. Non loin de là se trouve le réservoir appelé *bagno de Cavalli*, mais où l'on voit aussi des gens de la campagne prendre des bains de jambes pour diverses affections; il s'y forme des boues sulfureuses par l'action de la matière organique sur les sulfates.

Il est souvent question dans les auteurs, des boues de

Monte Catini, on entend par là les dépôts des réservoirs et les flocons de conferves qui nagent à la surface. Actuellement on en fait à peine usage.

Remarquons en outre qu'on ne parle ni d'eaux mères, ni de salles d'inhalation.

Le chapitre que nous développons en ce moment demande à être complété par quelques considérations sur la cure en général. A ce propos, traitant pour la première fois d'une station italienne, nous croyons devoir dire, en peu de mots, quelles sont les habitudes du pays comparées aux coutumes françaises et allemandes.

En Italie, la grande saison des bains est comme d'ordinaire en juillet et août ; elle se termine plus tôt que dans nos contrées. Par exemple, à Montecatini, l'établissement est officiellement fermé vers la mi-septembre, et les sources restent ouvertes seulement aux buveurs de passage. Il semblerait, au premier abord, que, sous un climat chaud, le temps des eaux dût se protonger en automne ; il n'en est rien, et je pense que cette coutume générale doit être attribuée aux vicissitudes atmosphériques. au contraste de la chaleur du jour et de la fraîcheur du soir qui m'a paru impressionner vivement la fibre italienne. A cet égard, les malades sont plus timorés que le médecin et rien ne les ferait rester au delà du terme consacré. Il est si vrai qu'il s'agit d'une habitude nationale, qu'à la station voisine de Lucques on distingue la saison des Italiens finissant au commencement de septembre, de la saison des Anglo-Américains se terminant en octobre. C'est ainsi qu'après la fermeture de Monte Catini, j'ai pu aller passer quelque temps à Lucques.

La durée moyenne de la cure est de 12 jours et non de 15 à 20 jours comme le dit M. Périer. C'est encore là une habitude que nous retrouvons dans le midi de la France, par exemple à Miers, à Cransac et surtout en Espagne. Ne faut-il pas y voir un reste des anciennes coutumes qui consistaient à faire des cures purgatives de courte durée, mais plus énergiques. Le corps médical lutte de son mieux contre ces préjugés fort irrationnels quand il s'agit de modifier profondément l'organisme.

Les médecins des eaux, en Italie, ont d'autant plus de peine à obtenir ce qu'ils demandent, que le plus grand nombre des baigneurs ne les consulte pas et font ce que j'appellerais volontiers du traitement mutuel, les vieux habitués initiant les novices aux usages des lieux. Aussi le nombre des médecins exerçant dans les bains italiens est-il beaucoup moins grand qu'en France et en Allemagne proportionnollement à celui des visiteurs.

L'indépendance du malade se manifeste encore dans la façon dont le régime est institué. A Montecatini, comme dans les grandes stations italiennes, nous retrouvons les habitudes françaises ; déjeuner à la fourchette vers 11 heures, dîner copieux à 5 ou 6 heures. Nous voici bien loin de la direction allemande ; le café au lait du matin, le petit souper du soir, les promenades à pas comptés entre chaque verre. Ici les uns se promènent dans les allées ou dans les parcs voisins des buvettes ; mais le plus grand nombre reste assis à causer en se faisant apporter les verres d'eau. Il est vrai que dès 8 heures du matin le soleil est très-ardent.

Nous avons déjà trouvé l'occasion d'exprimer notre avis sur les cures en Allemagne. L'exactitude et la rigueur du régime nous paraissent les auxiliaires indispensables du traitement des maladies chroniques sérieuses, et nous n'hésitons pas à dire que ces conditions sont pour une grande part dans les résultats surprenants obtenus à Kissingen et surtout à Carlsbad.

Action physiologique. — Elle a trait à la boisson et aux bains qui sont le plus en usage.

L'eau se boit avec facilité, celle du Rinfresco presqu'avec plaisir ; on s'accoutume assez vite à ce goût salé et légèrement amer. Elle est apéritive ; le chlorure de sodium paraît agir comme stimulant de la muqueuse gastrique et de ses glandes sécrétoires. Néanmoins, on ne saurait nier qu'elle ne pèse quelquefois sur l'estomac à cause de la faible quantité de gaz qu'elle renferme naturellement et qui devient presque nulle après son séjour dans les réservoirs. Est-ce là une cause déterminant la saturation. — Un jeune Milanais que j'observais durant mon séjour éprouvait régulièrement ce phénomène au bout de 10 à 12 jours ; il avait répété plusieurs fois le traitement pour un ictère avec léger engorgement hépatique.

Les sources faibles ont un effet laxatif, les sources fortes sont purgatives ; disons néanmoins que la purgation n'est pas constante et assurée. L'action du sel marin est aidée par celle des sels de magnésie, des sulfates de soude et de chaux. Ces derniers ne sont pas en quantité suffisante pour qu'on puisse leur attribuer la plus grande part. Le chlorure de sodium les efface par sa prédominence et les relègue au second rang ; or ce sel ne possède pas un pouvoir purgatif aussi déterminé que les sels d'Epsom et de Glauber ; est-ce à cause de son absorption plus prompte dans l'économie animale avec laquelle il a des affinités plus étroites ? Toujours est-il que, par lui, les évacuations alvines sont moins sûres, moins régulières et qu'il faut se garder d'en élever trop la dose sous peine de provoquer des irritations gastro-intestinales signalées par les médecins allemandsqui pratiquent à ces eaux et particulièrement par J. Braun, à Rehme en Westphalie. C'est là un point délicat de la médication purgative aux eaux salines chlorurées. A Montecatini, on a presque renoncé à l'usage interne des thermes de Léopold qui contiennent la plus forte dose de sel.

La tradition nous représente le Rinfresco comme agissant vivement sur la sécrétion urinaire, ce qui est exact. Le Tettuccio peut aussi réclamer sa part à titre d'eau salée faiblement minéralisée ; les solutions salines faibles sont diurétiques (Voit). C'est là un fait d'observation générale aux eaux salées de l'Allemagne ; le Maxbrun à Kissingen, le Ludwigs à Homburg ont leur spécialité comme le Rinfresco.

Nous retrouvons ici l'action ordinaire des solutions salées sur les menstrues, stimulation avec accélération de la fonction.

Enfin le chlorure de sodium, absorbé dans le sang, produit ses effets sur la nutrition et sur l'assimilation. Les physiologistes ont montré, par de nombreuses expériences, comment cet aliment minéral favorise l'oxydation des principes albumineux et la sécrétion de l'urée, activant ainsi les échanges organiques. Cette propriété est mise à profit en d'autres contrées pour réduire le poids du corps avec l'aide d'un régime bien calculé.

De même que la boisson salée stimule la muqueuse digestive, de même le bain salé provoque l'excitation de la peau. Les bains des thermes Léopoldins ont pu même développer à la surface cutanée quelques éruptions bien connues aux bains de mer.

L'action extérieure retentit sur les fonctions du canal digestif, sur la miction, sur les fonctions génitales, sur l'ensemble de la nutrition. Telle est l'opinion des partisans de. 'action réflexe. Un certain nombre de médecins croient encore à l'absorption cutanée et lui rapportent ces phénomènes. L'absorption par la peau, que je ne nie point, ne saurait avoir l'activité de l'absorption intestinale.

A tout prendre, les symptômes physiologiques présentent un caractère de bénignité qui donne au traitement une physionomie modérée. Peu de poussée vers la peau, peu de fièvre thermale. La cure est assez douce dans ses diverses phases : point de bains trop chauds ni trop prolongés, point d'eaux mères, point de douches à percussion violente. D'autre part, le gaz carbonique n'apporte pas son contingent d'excitation comme en Allemagne; il en reste à peine dans l'eau qui sort des réservoirs, et le tableau de l'ébriété carbonique tracé par M. Rotureau me paraît un abus de rationalisme en hydrologie.

En résumé, la médication de Montecatini est, à mon sens, purgative et diurétique par ses résultats les plus apparents, stimulante dans ses effets immédiats, résolutive et reconstituante dans ses effets consécutifs.

Or, ceci conduit à prévoir son action altérante, ou mieux modificatrice, qui va se manifester dans l'état pathologique. Il est certain que l'action physiologique bien étudiée d'un agent médicamenteux jette quelque lumière sur son emploi thérapeutique.

Indications thérapeutiques. — Elles se basent sur l'action physiologique étudiée précédemment, sur les analogies avec les autres eaux de la même classe, avant tout sur l'observation clinique rigoureuse, véritable critérium de toute conception théorique.

Si l'on en croyait les anciens auteurs qui ont vanté les propriétés curatives des eaux de Montecatini, depuis Ugolino, professeur à l'université de Pise vers la fin du XIII° siècle, ces propriétés s'étendraient à un grand nombre de maladies. Ils eurent le tort, comme le dit avec raison le professeur Fedeli, de confondre leur action spéciale avec leur action commune ou banale, sorte de confusion qui, selon nous, a fait naître dans l'esprit de certains médecins le scepticisme à l'endroit des eaux minérales. Nous allons voir que les applications les plus sérieuses du traitement en question, s'adressent à quelques maladies de l'abdomen et du foie en particulier, à la diathèse scrofuleuse et aux états généraux qui ont un rapport plus ou moins éloigné avec le lymphatisme.

Les dyspepsies et les catarrhes gastro-intestinaux peuvent être avantageusement modifiés par l'usage du Rinfresco, du Tettuccio, de la Salute, etc., surtout en présence des produits matériels résultant de sécrétions morbides. L'irritabilité nerveuse de l'estomac devenu gastralgique, l'état subinflammatoire de la muqueuse s'accomoderaient mieux d'eaux alcalines faibles.

La réputation du Tettuccio contre la dysentérie est de vieille date : Gabriel Fallope et André Césalpin, professeurs à l'Université de Pise, l'ont proclamée dans les termes les moins équivoques (1). Le professeur Fedeli a recueilli un assez grand nombre d'observations de guérisons de dysentéries chroniques chez des malades venus d'Egypte. L'exportation de l'eau médicinale dans cette contrée se fait sur une assez grande échelle.

(1) Experimento enim compertum est, aquam tettuccii præsentaneum remedium esse in dysenteria adeo ut hodie nullum sit prastantius... (Césalpin, 1596).

Les succès ne sont pas moindres dans les diarrhées bilieuses, communes en Italie pendant les chaleurs de l'été. J'ai été témoin d'un fait de ce genre qui m'a démontré la promptitude d'action du remède. Dans ces circonstances, les doses doivent être modérées. suivant la méthode allemande préconisée, à juste titre, par M. Rotureau. Faut-il voir dans ce mode d'action une médication substitutive ?

L'action physiologique nous a révélé des vertus laxatives et purgatives, qui nous font comprendre l'application à la constipation ; mais elle nous a fait connaître, en même temps, des propriétés stimulantes qui avertissent de ne pas forcer les doses, sous peine de manquer son but, l'évacuation alvine, et de provoquer des irritations d'intestin.

Si le chlorure de sodium agit parfois comme irritant, c'est un stimulant précieux de la circulation abdominale. A ce titre, il rend des services contre la pléthore abdominale, ordinairement accompagnée de gonflements hémorrhoïdaux. De là découlent les indications de Montecatini dans ces états morbides. Le professeur Fedeli va jusqu'à le préférer à Carlsbad, qu'il accuse de provoquer certains accidents. J'ai rendu assez souvent justice à son excellente monographie, pour avoir le droit de lui dire qu'il ne saurait être juge dans sa propre cause et que les eaux de Bohême sont, du consentement unanime des hydrologues, de beaucoup supérieures dans le traitement de cet état veineux.

Les eaux de Montecatini réduisent le volume du ventre dans la pléthore abdominale, mais il n'y est pas question de la cure de l'obésité, comme aux eaux similaires de l'Allemagne. Je crois qu'on pourrait l'y instituer en modifiant le régime, en prolongeant la cure et en asso-

ciant à la boisson laxative et aux bains salés chauds ou
frais les bains de vapeurs naturels de la grotte do Monsummano. J'ai vu, cet été, un des visiteurs de Montecatini, âgé de 50 ans et très-replet, qui, de lui-même,
se faisait maigrir de la sorte. J'aurai l'occasion, dans un
prochain mémoire, de parler plus au long de la célèbre
grotte.

L'expérience a prononcé en faveur de l'efficacité des
susdites sources contre les maladies du foie et des con-
duits biliaires (voir l'ouvrage de Bicchierai) (1). Le Tettuccio passe pour provoquer l'expulsion des calculs biliaires. On observe, tous les ans, des cas nombreux
d'ictères. Quelques-uns se rattachent à des hyperémies
hépatiques. Ce ne sont point les hépatites chroniques
graves de Vichy et de Carlsbad, ni ces teintes cachec-
tiques d'un jaune tirant sur le noir. Le système hépatique n'est pas si profondément affecté. N'oublions point
d'appeler l'attention sur la similitude des indications à
Niederbronn.

A l'époque où M. Périer fut envoyé en mission à
Montecatini pour savoir si l'on pourrait y adresser quelques malades de l'armée française, il émit l'opinion que
les hommes ayant contracté en Afrique des fièvres sui-
vies d'engorgement des viscères splanchiques, y seraient
envoyés avec des chances de résolution de ces organes.
Les eaux du Tettuccio, de la Regina, etc., comme la plupart des chlorurées sodiques, ont donné la preuve de
leur pouvoir résolutif. Le chlorure de sodium, sans
avoir sur le système hépatique l'influence des carbonates alcalins, imprime à la circulation des vaisseaux
portes une activité qui tourne au profit des organes
congestionnés.

(1) Trattato dei bagni di Montecatini, 1788.

Nous avons dit un mot de l'opinion traditionnellé sur la vertu diurétique du Rinfresco. Les anciens auteurs Livi, Malucelli, exagérant un peu, le représentent comme souverain dans les maladies des voies urinaires. Il est vrai qu'il favorise l'expulsion des calculs. Je rapporterai un fait qui s'est passé sous mes yeux.

Obs. — Un de nos distingués confrères, le D'G..., goutteux, par hérédité, depuis plusieurs années, éprouvant de l'anorexie, du malaise, quelques coliques abdominales mal déterminées, voyant ses urines chargées d'urates, se rendit à Montecatini pour quelques jours.

Il prenait 2 verres des sources fortes du Tamerici et de la Regina, ensuite 3 ou4 du Tettuccio et du Rinfresco ; il obtint quelques évacuations alvines et, le troisième jour, il rendit un calcul du volume d'un pois, suivi d'urines plus copieuses. A partir de ce moment, il se sentit beaucoup mieux, recouvra l'appetit et le sommeil. Il partit quelques jours après avec un teint meilleur et la satisfaction d'être soulagé.

Uu seul mot des maladies de matrice, Les métrites chroniques et granuleuses, la leucorrhée sont modifiées par le traitement interne, par les bains de siége frais du bagno Reggio et par les douches vaginales. La réussite est d'autant meilleure que les états locaux sont subordonnés à la diathèse scrofuleuse ou bien à l'anémie.

Il n'est point ici question des catarrhes des muqueuses respiratoires que l'on traite aux eaux salines chlorurées d'Allemagne en les coupant, le plus ordinairement, de lait ou de petit-lait.

Parmi les diathèses, la scrofule occupe le premier rang dans le traitement de Montecatini ; nous allons voir que les autres états diathésiques ne sont amendés qu'en tant qu'ils relèvent du lymphatisme ou qu'ils ont avec lui des affinités. Nouvelle spécialité des eaux que nous étudions et qui rentre dans la spécialité connue des chlorurées sodiques. L'iode et le brôme n'y apparaissent qu'en proportions impondérables. Est-ce la raison qui fait qu'on n'y observe pas ces guérisons de scrofule profonde qui ont établi la juste réputation de Kreuznach, de Nauheim, de Salins, etc.?

Un autre point défectueux est la durée trop courte de la cure. Je sais bien que dans cette maladie chronique par excellence, les malades ne se contentent plus des des 12 à 15 jours consacrés par l'usage ; mais ils ne restent pas 2 ou 3 mois comme à Kreuznach. Quoi qu'il en soit, on obtient des modifications de la constitution chez les enfants et des résolutions d'engorgements glandulaires assez remarquables. Le Dr Morandi a pu faire, à l'hôpital d'enfants scrofuleux qui est voisin des sources, des observations précises et concluantes. L'eau en boisson, quand on limite l'action intestinale, les bains chauds et frais aidés du soleil de la Toscane et d'un changement de régime, tel est l'ensemble de la médication.

L'action reconstituante du sel marin, si évidente dan la scrofule, ne saurait être niée dans l'état chloro-anémique, surtout accompagné de dyspepsies et de troubles utérins. Les malades à demi rétablis à Montecatini vont, avec avantage, compléter leur guérison aux eaux ferrugineuses de Recoaro ou de Santa-Caterina dans les Alpes. Ce n'est pas la première fois que nous ayons à signaler la nécessité pour l'anémie d'une cure préparatoire aux eaux salées avant les eaux martiales, préjudiciables au début.

On ne peut pas poser en principe que les eaux de Montecatini soient indiquées dans les maladies de la peau, dans le rhumatisme et la goutte. D'autre part, il est impossible de nier certains faits d'où semblent naître les indications. Il ne s'agit que d'interpréter ces faits pour éviter la confusion où nous mettent les monographies. Le professeur Fedeli avoue, avec une sincérité qui lui fait honneur, que les eaux ne réussissent qu'au cas où ces diathèses sont greffées sur le lymphatisme ; qu'il faut aussi tenir compte de cette action commune qui étend beaucoup la sphère d'application des eaux. Avec des bains quelconques il est possible d'agir dans les affections cutanées ; avec des bains chauds et renfermant des sels quelconques, il est possible de traiter des rhumatismes.

Les mêmes considérations s'appliquent aux paralysies, aux maladies nerveuses. Le professeur Fedeli rapporte trois cas d'hypochondrie guéris et qui se liaient à des états gastriques ou à une circulation abdominale vicieuse.

Pour tracer cette esquisse rapide, nous avons mis à profit nos observations personnelles durant un séjour qui représente le temps moyen d'une cure et nous avons largement puisé dans l'expérience des médecins de la localité. Ainsi nous nous sommes fait une idée d'ensemble de Montecatini, idée que nous chercherons à faire partager à ceux de nos confrères qui voudront bien nous croire et nous lire. Les médecins hydrologues français, quelque riches que soient leurs eaux nationales, ne sauraient se borner à la connaissance de ces eaux, pas plus qu'il n'est permis aux médecins hydrologues étrangers d'ignorer Vichy, les Eaux-Bonnes, Luchon, Aix, Néris, Plombières, etc.

Tableau d'analyses.

TERME LÉOPOLDINE.

Gaz acide carbonique libre.	0,5295
— oxygène..............	0,0133
— azote	0,1734
Carbonate de chaux.......	0,5639
— de magnésie.....	0,0071
Sulfate de chaux..........	2,1996
— de potasse.........	0,3719
— de soude..........	0,0831
Chlorure de sodium........	18,5155
— de magnésium....	0,7328
Oxyde de fer, manganèse.	
Alumine, phosph. de chaux	0,0196
Fluorures...............	
Iod., bromures, nitrates...	traces

23,2397

ACQUA DEL TETTUCCIO.

Gaz acide carbonique libre.	0,2861
— oxygène..............	0,0652
— Azote.............,....	0,1922
Carbonate de chaux........	0,0241
— de magnésie.....	0,0736
Sulfate de chaux..........	0,5219
— de potasse.........	0,0585
— de soude..........	0,3087
Chlorure de sodium.......	4,6076
— de magnésium....	0,4508
Oxyde de fer, manganèse..	
Alumine, phosph. de chaux.	0,0077
Fluorures...............	
Iod., bromures, nitrates...	traces.

6,5974

ACQUA DELLA REGINA (BECHI).

Gaz acide carbonique......	0,2770
— azote.....,..........	0,1008
— oxygène.............	0,0224
Chlorure de sodium.......	10,4788
— de magnésium....	0,2130
Iodure et bromure, sodium.	traces.
Fluorure...............	traces.
Oxyde de manganèse, casium	traces.
— de silicium.........	0,0065
Nitrate de potasse........	traces.
Sulfate de soude..........	0,0669
— de potasse.........	0,1648
— de chaux..........	0,8735
Phosphate d'alumine.......	0,0004
Autres phosphates........	0,0046
Carbonate de lithine.......	traces.
Bicarbonate de magnésie...	0,1488
— de chaux......	0,2578
— de fer.........	0,0022
Crenate et apocrenate	traces.

12,6175

ACQUA DELLA FORTUNA.

Gaz acide carbonique libre.	0,3450
— oxygène.	0,0140
— azote,..............	0,1620
Carbonate de chaux.......	8,1438
— de magnésie.....	0,7115
Sulfate de chaux..........	0,0138
— de potasse.........	0,2765
— de soude	0,8989
Chlorure de sodium.......	10,9733
— de magnésium....	0,1634
Sulfate de magnésie.......	0,5142
Alumine.................	0,0188
Silice..................	0,0101
Autres sels....,.........	traces

14,3960

Paris. — Typ. A. PARENT, rue Monsieur-le-Prince, 29-31

www.ingramcontent.com/pod-product-compliance
Lightning Source LLC
Chambersburg PA
CBHW070230200326
41520CB00018B/5795